Mulugeta Eshetu
Lemma Wogi

Gestão de declives e nutrientes do solo

Mulugeta Eshetu
Lemma Wogi

Gestão de declives e nutrientes do solo

Efeitos da posição do declive nas propriedades físico-químicas do solo do tipo de utilização de terras cultivadas na bacia hidrográfica de Danka Bale, Oromia

ScienciaScripts

Cover image: www.ingimage.com

This book is a translation from the original published under ISBN 978-620-7-48761-5.

Publisher:
Sciencia Scripts
is a trademark of
Dodo Books Indian Ocean Ltd. and OmniScriptum S.R.L publishing group

120 High Road, East Finchley, London, N2 9ED, United Kingdom
Str. Armeneasca 28/1, office 1, Chisinau MD-2012, Republic of Moldova, Europe
Printed at: see last page
ISBN: 978-620-7-94885-7

Gestão de terras e taludes para melhorar a fertilidade do solo

Avaliação e cartografia da fertilidade do solo sob diferentes tipos de utilização do solo ao longo da toposequência na bacia hidrográfica de Danka nos distritos de Dinsho de Bale Highland Oromia, sudeste da Etiópia

Mulugeta Eshetu*[1] , Lemma Wogi (PhD)[2] , Negash Demissie (PhD) [3]

[1]Instituto de Investigação Agrícola de Oromia, Centro de Investigação Agrícola de Sinana, Melhoria da Fertilidade do Solo, SWC e Equipa de Investigação de Gestão de Bacias Hidrográficas, Bale-Robe, Oromia Etiópia.
[2]Universidade de Haramaya, Haramaya, Etiópia
[3]Instituto de Investigação Agrícola da Etiópia, Adis Abeba, Etiópia
*Autor correspondente Mulugeta Eshetu, endereço eletrónico: mulugeteshetu@gmail.com

Palavras chave: Terras cultivadas, Erosão, Terras florestais, Pastagens, IDW, Declive inferior, Declive médio, Posição do declive, Declive superior

Índice

1. Introdução

Um dos recursos mais importantes para a produção de alimentos é o solo, que também mantém e controla os processos ecológicos. Conhecer as potencialidades e os limites do solo é essencial para que este desenvolva as suas actividades de forma sustentável (Yuga e Wani, 2022). A economia da Etiópia é dependente da agricultura, que representa 41% do PIB, 84% das exportações e 80% dos empregos (EEA, 2017). No entanto, a erosão dos solos, a remoção dos resíduos das culturas e o baixo nível de insumos são as causas do declínio dos nutrientes do solo que ameaçam a agricultura etíope (Elias, 2017).

De acordo com Yihenew e Getachew (2013), o uso inadequado da terra e a má gestão tornaram a degradação do solo um desafio global para a produção agrícola sustentável. O principal fator determinante da produtividade sustentável do solo é a sua capacidade de fornecer nutrientes vitais para o desenvolvimento das plantas (Engdawork, 2012 e Singh *et al,* 2013). A degradação maciça dos solos resultou do sobrepastoreio e da desflorestação provocados pela elevada densidade populacional. Devido a processos antropogénicos e naturais, a degradação dos solos tornou-se uma das principais preocupações políticas na Etiópia e é a razão da elevada taxa de esgotamento de nutrientes (Hillette *et al.*, 2015).

A degradação dos solos é um dos desafios que tem de ser enfrentado imediatamente para aumentar a produção agrícola e garantir a segurança alimentar (Gelfand *et al,* 2013). As várias explorações agrícolas têm vários níveis de estado de fertilidade do solo devido a diferenças na topografia e no estado dos nutrientes, o que exige diferentes abordagens de gestão. As topografias estão entre os elementos formadores do solo que afectam a forma como as qualidades do solo são erodidas pela água (Amuyou e Kotingo, 2015; Musa e Gisilanbe, 2017; Belayneh *et al,* 2021). A topografia é uma componente das paisagens agrícolas que exige uma gestão agronómica e um nível de insumos diferentes (Tilahun *et al.*, 2020). As práticas agrícolas em encostas íngremes proporcionam um ambiente ideal para a erosão do solo, que tipicamente degrada o solo superior e médio e o deposita nas encostas dos pés (Hurni *et al.*, 2015; Tilahun *et al,* 2020 e Belayneh *et al,* 2021). As variações espaciais da fertilidade do solo são significativamente influenciadas pela localização do declive, quer direta quer indiretamente.

As posições de declive são um fator comum na topografia e expõem a forma como diferentes propriedades do solo, como o pH, o teor de matéria orgânica e a distribuição do tamanho das partículas, dependem das caraterísticas do terreno (Sarapatka *et al,* 2018; Mayer *et al,* 2019 e Magdic *et al,* 2022). O material de origem, o terreno, a temperatura, a vegetação e as influências humanas estão entre os componentes que afectam as qualidades mais sensíveis do solo na zona agro-ecológica das terras altas. A topografia desempenha um papel significativo nas caraterísticas físicas, químicas e biológicas dos processos de crescimento do solo e das plantas, porque está ligada à função do ecossistema (Liu *et al,* 2020; Awoonor e Dogbey, 2021).

A fertilidade do solo é definida como a capacidade do solo de atuar como mediador de nutrientes, água e ar para as plantas de uma forma sustentável. Na agricultura moderna, a gestão de fertilizantes e a produção de culturas é um resultado direto da fertilidade do solo e da gestão eficiente dos nutrientes (Bagherzadeh *et al,* 2018). De acordo com Patel e Lakdawala (2014), a fertilidade do solo é considerada um componente crítico da produtividade agrícola e da produção vegetal, bem como um pré-requisito para manter a sustentabilidade dos ecossistemas. Portanto, a avaliação da fertilidade do solo é um componente vital para a manutenção do balanço de nutrientes do solo, que indica a quantidade de nutrientes a ser fornecida para o aumento da produtividade das culturas, além de diminuir os custos de cultivo e a poluição ambiental (Chandrakala *et al.,* 2018).

Por sua vez, o conhecimento da variação espacial da fertilidade do solo nos campos agrícolas é um aspeto fundamental para a definição do estabelecimento de parcelas produtivas homogéneas para fins de gestão específica do local (Srinivasan *et al,* 2022). A análise espacial da fertilidade do solo facilita a tomada de decisões na aplicação de práticas agronómicas em espaços produtivos, permitindo o fornecimento adequado de nutrientes ao solo e minimizando o impacto no recurso solo em benefício da biodiversidade (Shashikumar *et al,* 2022; Valera e Rodríguez, 2023). Esta análise espacial permite avaliar a variação das propriedades individuais do solo e a formação de classes de solo para apoiar a tomada de decisões em áreas homogéneas como base para a gestão específica do local e a promoção da agricultura de precisão. Esta informação serve de base para os utilizadores obterem uma imagem completa do estado dos nutrientes do solo de um sector num único mapa e contribui para a tomada de decisões sobre a gestão mais adequada do solo (Padua *et al.*, 2018; Shashikumar *et al.*, 2022).

Para monitorizar as alterações na fertilidade do solo, identificar áreas de deficiência de nutrientes no solo e sugerir opções de gestão sustentáveis, é fundamental avaliar e mapear a variabilidade espacial da fertilidade do solo em relação às posições de gestão e de declive, utilizando técnicas geoespaciais (SIG e deteção remota). A tomada de decisões sobre a gestão do solo e a agricultura de precisão requer o conhecimento da variação geográfica dos parâmetros de fertilidade do solo (Valera e Rodríguez, 2023). A cartografia dos nutrientes do solo permite determinar as áreas de solo fértil e apoiar os métodos de gestão agrícola dos agricultores para aumentar o rendimento das culturas (Dharumarajan *et al,* 2022). O planeamento de decisões de gestão mais eficazes e a cartografia das zonas deficientes beneficiam do conhecimento da distribuição geográfica dos nutrientes do solo (Bakhshandeh *et al,* 2019 e Zeraatpisheh *et al,* 2019).
No entanto, a área de estudo é caracterizada por uma elevada taxa de degradação do solo causada por actividades humanas e factores naturais. Entre as principais causas do declínio da fertilidade do solo contam-se a desflorestação, o sobrepastoreio, o cultivo em encostas íngremes sem uma gestão adequada do solo, a remoção dos resíduos das culturas e a monocultura centrada nos cereais. O impacto dos tipos de uso da terra e das posições de declive no estado da fertilidade do solo não foi estudado. Por conseguinte, esta investigação serve de informação de base sobre o estado dos nutrientes do solo, a aplicação de tecnologias agrícolas adequadas e estratégias eficazes de gestão da fertilidade do solo.

Por conseguinte, ignorar a posição do declive e o tipo de utilização do solo pode aumentar a incerteza na gestão específica da fertilidade do solo, especialmente na área de estudo. Este estudo tem como objetivo avaliar e cartografar o estado de fertilidade do solo sob diferentes tipos de uso da terra ao longo da toposequência na bacia hidrográfica de Danka, no distrito de Dinsho, em Bale Highland.

2. Materiais e métodos

2.1 Descrição da área de estudo

A investigação foi realizada na bacia hidrográfica de Danka, nas terras altas de Bale, 400 km a sudeste de Adis Abeba, a 30 quilómetros de Robe, a zona administrativa de Bale do Estado Regional de Oromia, no sudeste da Etiópia. Geograficamente, a bacia hidrográfica do Danka está situada entre 60 56' 0" e 70 6' 0" N e entre 390 44' 30" e 390 52' 30" E, com uma altura média de 3066 a 4139

metros acima do nível do mar (masl), está localizada a área de pesquisa de 7.084 ha da bacia hidrográfica do Danka.

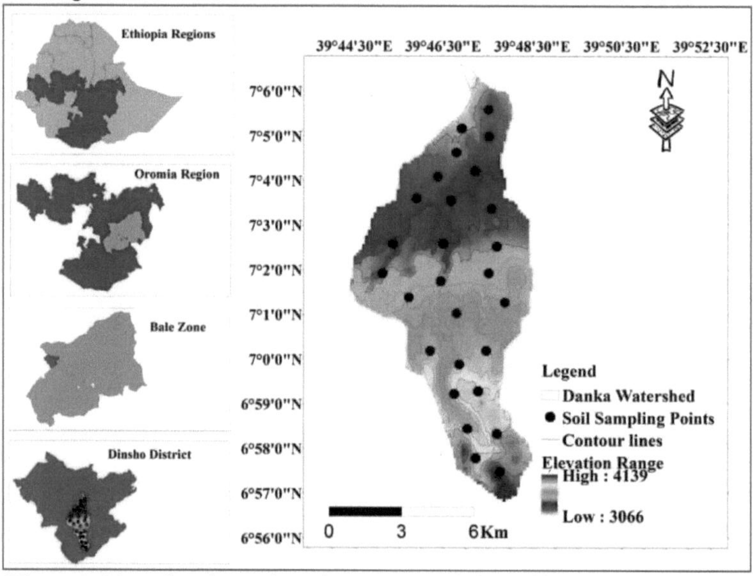

Figura 1. Mapa de sobreposição dos contornos da bacia hidrográfica do Danka, elevação e locais de amostragem do solo.

2.1.1 Clima

A área de estudo do distrito de Dinsho tem duas estações agrícolas Ganna (março a junho) e Bona (dezembro a julho). O padrão de distribuição da precipitação no distrito de Dinsho tem uma estação chuvosa de oito meses, de finais de março a outubro. A precipitação anual na região situa-se tipicamente entre 600 e 1000 mm nas zonas de menor altitude e entre 1000 e 1400 mm nas zonas de maior altitude. Com uma temperatura mínima de 2°C e uma temperatura máxima de 20°C, tem um clima subtropical médio de montanha.

2.1.2 Principais tipos de solo

De acordo com a FAO (1984), os principais tipos de solo encontrados no distrito de Dinsho incluem Pellic Vertisols, Eutric Cambisols, Nitisols e Chromic Luvisols. No entanto, na bacia hidrográfica do Danka, existe apenas um tipo de solo predominante crómico - Luvisols. As lavas de basalto e traquito do Miocénico que cobrem os depósitos mesozóicos são a principal fonte de solos que se encontram no topo dos estratos estratigraficamente mais jovens.

2.1.3. Sistemas agrícolas e utilização das terras

Na bacia hidrográfica do Danka, a agricultura é o principal motor económico. A agricultura mista, que combina sistemas pecuários e agrícolas, é o principal sistema agrícola abrangido. O trigo é a segunda cultura mais comum na região, a seguir à cevada. Para além da couve, a batata surgiu como principal cultura nos últimos anos. Outras culturas são produzidas numa área limitada em torno da horta de sequeiro. Entre a fauna: Os principais pilares da estrutura agrícola são o gado bovino, ovino e equino. Para além de oferecerem fontes de rendimento extra para a compra de fertilizantes químicos e outros insumos agrícolas, o gado serve também como meio de transporte e de cultivo.

De acordo com as conclusões de Tilahun *et al* (2017), a área de investigação enquadra-se na categoria de sistema misto de produção de cevada com água da chuva. Existem 7084 hectares na bacia do Danka em geral. Cerca de 1600 hectares (22,59%) da área total da bacia são terras aráveis, 1300 ha (18,35%) são pastagens e 1400 ha (19,76%) são terras de floresta natural. Existem comunidades e outros locais que ocupam os restantes 37,9% da área da bacia.

De um modo geral, apresenta-se de seguida um breve resumo das três formas de utilização do solo na área de investigação: Uma forma de uso do solo é a floresta natural, que é composta por espécies de árvores nativas naturais com copas fechadas ou quase fechadas. É espessa (50-80% de cobertura de copa) e maioritariamente dominada por espécies de árvores exóticas. Nesta unidade de terreno também existem árvores de sub-dossel, que são constituídas por arbustos baixos, ervas e arbustos. Na região de investigação, as espécies arbóreas nativas mais comuns incluem Juniperus procera, Olea europea, Hagenia abyssinica e outras espécies arbustivas e gramíneas densas. As pastagens são o tipo de utilização do solo em que mais de 90% da vegetação é constituída por gramíneas. Esta forma de utilização do solo inclui tanto a propriedade privada de pastagem aberta como a gestão do Parque Nacional de Bale Mountain, que têm um estatuto comparável. As terras cultivadas são definidas como as terras utilizadas para o cultivo de culturas de sequeiro e de regadio, a lavoura contínua, a monocultura de cereais e a limpeza de resíduos de culturas para diversas utilizações.

2.2 Levantamento de campo e seleção do local

A Agência de Cartografia da Etiópia forneceu o mapa topográfico (1:50 000) que contém informações adequadas para distinguir as várias formas de relevo na área de investigação. O estudo de reconhecimento inicial foi efectuado para obter pormenores técnicos abrangentes sobre o local de amostragem e para obter uma representação visual clara da topografia e da história da bacia hidrográfica. Especialistas em agricultura e o Gabinete de Administração do Parque Nacional da Montanha de Bale estiveram envolvidos no serviço de campo aos seniores. Foi aplicado o método de levantamento livre (Mulla e McBratney, 2000). Os locais de amostragem foram categorizados em três posições de declive para os três tipos primários de utilização do solo com base no método de seleção intencional para locais de amostragem estratificada, que foi utilizado com base no inquérito.

Com base na extensão da degradação, nos requisitos de intervenção, nas limitações e nas oportunidades, foi determinada a seleção da bacia hidrográfica para a avaliação de base e o mapeamento do estado de fertilidade do solo. A delimitação da área de estudo foi efectuada através da opção de delimitação automática do software ArcGIS 10.3, utilizando o Arc Hydro Extension e o DEM da Aster com uma resolução de 30 m*30 m. Os limites inicialmente delineados foram depois verificados no terreno utilizando tecnologia GPS para estabelecer pontos de referência para operações futuras.

Por último, foi elaborado um mapa da bacia hidrográfica utilizando dados adicionais, incluindo a amplitude de elevação, a dimensão, o declive e uma bacia hidrográfica definida digital e geograficamente. De acordo com a FAO (206a), as posições de declive foram divididas em três categorias para três tipos diferentes de uso da terra ao longo da toposequência: terra cultivada, terra de pastagem e floresta natural: declive inferior (0 - 10%), declive médio (10 - 15%) e declive superior (15 - 30%). Tanto o Sistema de Posicionamento Global (GPS) como o Clinómetro foram utilizados para categorizar o declive e identificar as posições exactas do declive dos locais de amostragem do solo. A área total da bacia hidrográfica em estudo é de 7.084 hectares. Posteriormente, a bacia hidrográfica foi dividida em três réplicas para efetuar uma amostragem exaustiva do solo em toda a bacia hidrográfica.

2.3 Amostragem do solo

Após a identificação de um local representativo, foram utilizadas três réplicas de uma sequência topográfica para escolher parcelas de amostragem do solo de 10 m x 10 m. Foram obtidas cinco amostras de solo de cada parcela a 0-20 cm de profundidade, utilizando a técnica de amostragem aleatória do solo. Uma vez que esta é a profundidade média das terras aráveis, foi escolhida uma profundidade de amostragem do solo de 0 a 20 cm. Foi preparado um total de 54 amostras compostas de solo, recolhidas, etiquetadas com a informação necessária e depois secas ao ar, removendo elementos desnecessários, como pedras e raízes.

No final, triturar o solo com um almofariz e pilão e, em seguida, peneirar a maioria das caraterísticas físico-químicas do solo através de um peneiro de malha de 2 mm e o carbono orgânico e o azoto total através de um peneiro de malha de 0,5 mm. As análises foram efectuadas no laboratório de solos da Universidade de Haramaya, do Centro de Investigação Agrícola de Melkasa e do Centro de Investigação Agrícola de Sinana, de acordo com os procedimentos laboratoriais habituais.

2.4 Análise laboratorial do solo

A distribuição do tamanho das partículas do solo foi medida através da abordagem do hidrómetro (Bouyoucos, 1962). Por último, a classe textural do solo foi identificada utilizando o método de categorização do triângulo textural do USDA (USDA, 1987). O pH do solo foi medido com o medidor digital de pH, numa solução de rácio 1:2,5 (solo: água). A quantidade de carbono orgânico do solo foi determinada conforme especificado em Walkley e Black (1934). Em seguida, o teor de matéria orgânica do solo foi calculado multiplicando a percentagem de carbono orgânico por um fator de 1,724. O azoto total do solo foi medido utilizando a técnica de digestão micro-Kjeldahl, destilação e titulação (Bremner e Mulvaney, 1982). O fósforo disponível foi determinado no espetrofotómetro utilizando o método de Olsen (Olsen *et al,* 1954).

A espetroscopia de absorção atómica (AAS) foi utilizada para estimar o $Ca^2 +$ e o $Mg^2 +$ trocados, e um fotómetro de chama foi utilizado para detetar o K+ e o Na+ (Okalebo *et al,* 2002). A capacidade de troca catiónica (CEC) foi determinada, após lixiviação com acetato de amónio (Chapman, 1965). A percentagem de saturação de bases (PBS) segue a fórmula (equação 1):

$$\mathbf{PBS\ (\%)} = \frac{(Ca+2 + Mg+2+ K+ + Na+)}{CEC} * \mathbf{100} \ldots\ldots\ldots\ldots\ldots\ldots \mathbf{(1)}$$

O ácido dietilenotriamina pentaacetato (DTPA) foi utilizado para extrair os micronutrientes (Fe, Mn, Cu e Zn) nos seus comprimentos de onda utilizando a espetroscopia de absorção atómica (Lindsay e Norvell, 1978).

2.5. Análise estatística

As análises estatísticas foram efectuadas utilizando o software R versão 4.1.1. As diferenças no índice de fertilidade do solo entre parâmetros foram testadas pelo teste t LSD a um nível de significância de 5% para verificar se os resultados do teste eram significativos. Finalmente, as classificações (muito baixa, baixa, moderada, alta e muito alta) foram efectuadas com base nas classificações dos nutrientes da fertilidade do solo para as condições do estado da Etiópia e na análise do solo, utilizando procedimentos semelhantes.

2.6. Cartografia da fertilidade do solo

A latitude e a longitude dos pontos de amostragem do solo foram registadas com um dispositivo GPS Garmin e as coordenadas geográficas foram convertidas no mapa de base do software ArcGIS. Os dados não espaciais foram convertidos em dados espaciais como uma camada de pontos, introduzindo a informação sobre a latitude e a longitude de 54 amostras de solo utilizando o software ArcGIS 10.5.

Os valores das variáveis não amostradas foram determinados por interpolação a partir das variáveis amostradas. Os mapas espaciais que ilustram a variabilidade dos nutrientes do solo em vários locais foram criados utilizando a técnica de interpolação Inverse Distance Weighted (IDW) incluída nas ferramentas Spatial Analyst da Arc Toolbox. A abordagem de interpolação IDW e a caixa de ferramentas Arc para a interpolação de dados baseiam-se na média ponderada baseada na covariância espacial e na regressão dos valores Z observados dos dados pontuais.

3. Resultados e discussão

3.1 Distribuição do tamanho das partículas
Os resultados da análise de variância (ANOVA) mostraram que a distribuição granulométrica média das partículas do solo foi significativamente ($P \leq 0,05$) influenciada pela interação entre os tipos de utilização do solo e as posições de declive (Quadro 1). Como resultado, o valor da percentagem de areia foi mais elevado (37%) e mais baixo (23,67%) para os solos dos tipos de uso do solo cultivados superiores e da posição de declive inferior dos tipos de uso do solo de floresta natural, respetivamente. O declive acelera a taxa de erosão através da remoção de partículas finas, particularmente silte e o teor de argila que acumula partículas de areia nas posições superiores do declive. É por isso que a tendência da distribuição de areia foi a seguinte: declive superior > declive médio > probabilidade de posição de declive inferior. Khan *et al* (2013), Lawal *et al* (2014), Amuyou e Kotingo (2015), Belayneh *et al* (2021) e Aweke (2021) fizeram constatações semelhantes, observando que os solos na posição superior do declive tinham uma percentagem média de areia mais elevada do que os solos nas posições intermédias e inferiores do declive. A proporção de areia também aumentou à medida que as posições de declive aumentaram, de acordo com a investigação de vários autores (Rezaei *et al.*, 2015; Mulugeta, 2015; Kehali *et al,* 2017; Guadie *et al,* 2020; e Dilnesa *et al,* 2023).

O valor médio mais elevado de (40%) e o mais baixo (31,33%) de percentagem de silte para solos de pastagens na posição de declive médio e de terras cultivadas na posição de declive inferior, respetivamente (Quadro 1). A percentagem de silte foi inconsistente com a posição do declive e os tipos de utilização do solo. O teor percentual de argila do solo foi mais elevado (44,33%) e mais baixo (25%) no solo cultivado nas posições de declive inferior e superior, respetivamente (Quadro 1). A percentagem de argila demonstra, portanto, que o teor de argila aumentou em direção à posição mais baixa do declive, com a sequência declive inferior > declive médio > declive superior. Isto pode dever-se ao facto de as partículas de argila se terem depositado nas posições de declive inferior depois de terem sido arrastadas das posições de declive superior.

Em consonância com esta conclusão, há também relatos de maior teor de argila em posições de declive inferior em relação às posições de declive médio e superior (Khan *et al,* 2013; Ezeaku e Eze, 2014; Yasin e Yulnafatmawita, 2018; Belayneh *et al,* 2021; Aweke, 2021 e Magdic *et al,* 2022). Este resultado foi consistente com estudos que encontraram um aumento da quantidade de argila em terras cultivadas relativamente a terras florestais e de pastagem (Fentie *et al.*, 2020; Walpola e Mendis, 2020; Teklil *et al.*, 2023; Dilnesa *et al,* 2023).

Os solos na posição superior da encosta eram franco a franco-argilosos; na posição média da encosta eram franco-argilosos; e na posição inferior da encosta eram argilosos a franco-argilosos, de acordo com a classificação padrão da textura do solo do USDA (1987) (Quadro 1). Embora as caraterísticas físicas do solo fossem intrínsecas, os tipos de utilização da terra podem ter contribuído indiretamente para a alteração da textura do solo através de processos pedológicos como a meteorização, a deposição e a erosão (Hadiro *et al,* 2021 e Teklil *et al,* 2023).

Tabela 1. Distribuição granulométrica do solo sob diferentes tipos de uso do solo ao longo da toposequência

Land use types	Sand (%)	Silt (%)	Clay (%)	Textural class
	Upper slope position			
Cultivated land	37^{a}	38^{ab}	25^{f}	Loam
Grazing land	33.67^{b}	35.33^{b}	31^{e}	Clay loam
Natural Forest	30.33^{c}	34.67^{bc}	35^{cd}	Clay loam
	Middle slope position			
Cultivated land	29^{c}	37.33^{ab}	33.67^{d}	Clay loam
Grazing land	25^{d}	40^{a}	35^{cd}	Clay loam
Natural Forest	25^{d}	38^{ab}	37^{bc}	Clay loam
	Lower slope position			
Cultivated land	24.33^{d}	31.33^{c}	44.33^{a}	Clay
Grazing land	25.67^{d}	36^{b40}	38.33^{b}	Clay loam
Natural Forest	23.67^{d}	37.33^{ab}	39^{b}	Clay loam
Mean	31	36.44	35.37	
CV	6.76	5.83	3.40	
LSD(0.05)	3.268	3.651	2.062	

3.2 pH do solo e teor de matéria orgânica

3.2.1. pH do solo

O pH (H_2O) do solo variou significativamente ($P \leq 0,05$) em função dos efeitos da interação entre os tipos de uso do solo e as posições de declive (Quadro 2). O valor médio do pH do solo foi mais elevado (6,66) na posição de declive inferior de uma floresta natural, enquanto o valor mais baixo (5,81) foi registado na posição de declive superior de um terreno cultivado (Quadro 2 e Figura 2). De acordo com Jones (2003), o pH do solo na área de estudo era moderadamente a ligeiramente ácido nas posições de declive médio e superior, enquanto ligeiramente ácido a neutro na posição de declive inferior.

O pH do solo da bacia hidrográfica do Danka, relativamente aos seguintes tipos de utilização do solo, era o seguinte: floresta natural > prados > terras cultivadas (Quadro 2 e Figura 2). Isto pode dever-se a uma agricultura intensa que remove todos os resíduos de culturas, ao uso constante de fertilizantes que criam ácidos, incluindo ureia e DAP, ao teor comparativamente baixo de OM e à lixiviação básica de catiões. Alinhados com os resultados atuais, Yared *et al* (2018), Desta (2018), Woldemariam *et al* (2020); Belay *et al* (2021); Kebebew *et al* (2022); Teklil *et al* (2023); Tigist *et al* (2023); e Dilnesa *et al* (2023) descobriram que os solos sob terras cultivadas tinham o pH ácido do solo e o valor mais baixo devido à erosão do solo e à remoção de nutrientes vitais durante a colheita. A acumulação de carbono orgânico na floresta natural pode causar o pH mais elevado do solo. Esta matéria retém catiões básicos, baixando a concentração de H^+ e aumentando o pH do solo.

O pH do solo da bacia hidrográfica do Danka está relacionado com a posição do declive pela seguinte ordem: declive inferior > declive médio > declive superior (Quadro 2 e Figura 2). Isto pode dever-se à erosão do solo, e a lixiviação remove os catiões básicos, a matéria orgânica e o teor de argila do solo da posição de declive superior e deposita-os na posição de declive inferior. Estes resultados foram consistentes com os relatórios de Sheleme (2017), Wubie e Assen (2020) e Dilnesa *et al* (2023), segundo os quais a maioria dos solos na encosta superior apresentava valores de pH baixos devido à fuga de catiões básicos provocada pela erosão do solo.

3.2.2. Matéria orgânica do solo

A interação entre os tipos de uso do solo e as posições de declive teve um impacto significativo na matéria orgânica (MO) do solo ($P < 0,05$) (Quadro 2). Os valores médios mais elevados (6,25%) e mais baixos (2,07%) de MO (%) foram registados no solo do tipo de uso da terra floresta natural na posição de declive inferior e no tipo de uso da terra cultivada na posição de declive superior, respetivamente (Quadro 2 e Figura 2). A MO do solo da área estudada era baixa a elevada na posição superior do declive, enquanto moderada a elevada nas posições intermédias e superiores do declive, de acordo com a taxa de Tekalign (1991).

Muitos factores, incluindo o cultivo contínuo, a remoção completa dos resíduos das culturas, a utilização restrita de resíduos orgânicos, a monocultura à base de cereais e as taxas de erosão do solo, podem contribuir para o baixo teor de MO nos tipos de utilização de terras cultivadas. Da mesma forma, Habtamu *et al* (2014), Siraj *et al* (2015) e Yihenew *et al* (2015) relataram que os solos com tipo de uso da terra cultivada tinham menor teor de MO do que os solos com tipo de uso da terra florestal. Além disso, Mulat *et al* (2018), Dilnesa *et al* (2023) e Tigist *et al* (2023) obtiveram a menor quantidade de matéria orgânica do solo entre os solos cultivados devido à coleta completa de resíduos de culturas e à rápida mineralização. Em comparação com os tipos de uso da terra cultivados e pastoreados, as florestas naturais têm conteúdos comparativamente mais elevados de matéria orgânica do solo devido à sua elevada capacidade de acumulação de carbono, acumulação sazonal de folhada e pouca perturbação do solo, o que apoia a retenção de matéria orgânica no solo. De acordo com Mulugeta (2018), Olorunfemi *et al* (2018), Mengistu e Dereje (2021), Tigist *et al* (2023) e Teklil *et al* (2023), o solo das florestas naturais tem a matéria orgânica do solo mais elevada registada devido a uma maior biomassa de folhas, folhada e raízes das plantas, actividades microbianas e sequestro de carbono atmosférico através da fotossíntese.

Devido ao facto de a erosão do solo remover o solo superficial rico em nutrientes da posição superior do declive e depositá-lo na posição inferior do declive, a matéria orgânica do solo (MO) foi comparativamente elevada nas posições inferiores do declive. Em consonância com esta constatação, Dinku *et al* (2014); Yihenew *et al* (2015); Amuyou e Kotingo (2015), e Sepideh *et al* (2018) registaram uma correlação negativa entre o declive e o teor de MO. Especificamente, o teor de MO aumentou à medida que a posição do declive diminuiu, o que foi explicado pelo facto de o MO ser removido da posição superior do declive e se acumular nas posições inferiores do declive. De acordo com Ullah *et al* (2017) e Dilnesa *et al* (2023), o movimento descendente dos nutrientes do solo da posição superior para a posição inferior do declive com a água de escoamento é a causa dos teores mais baixos de matéria orgânica do solo na posição superior do declive. Em geral, o padrão de MO foi o seguinte: floresta natural > pastagem > tipo de uso do solo cultivado; também, posição de declive inferior > posição de declive médio > posição de declive superior (Tabela 2 e Figura 2).

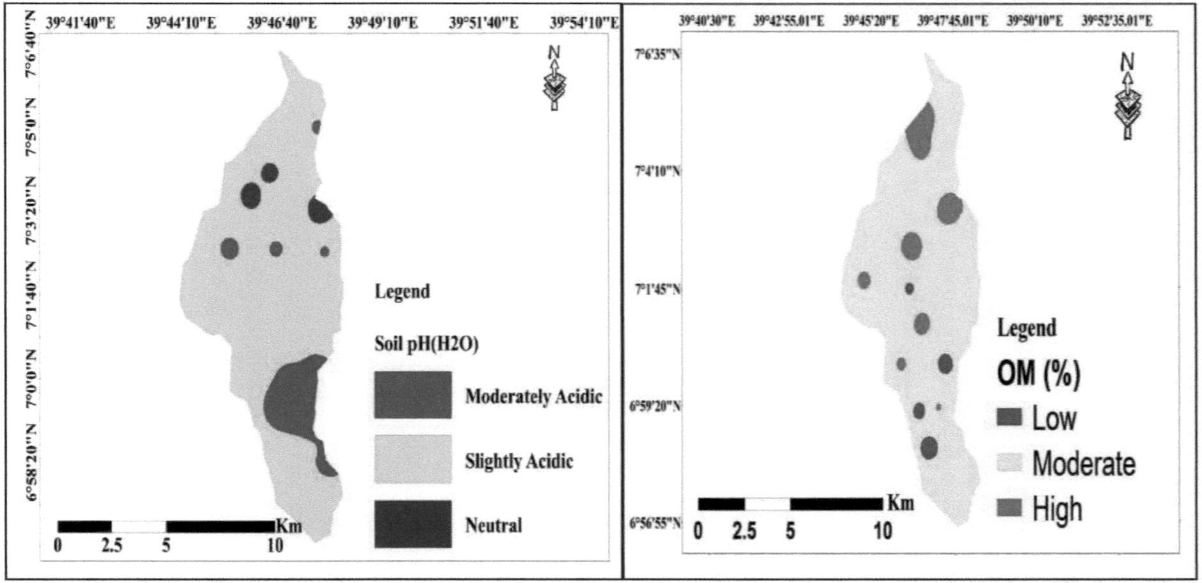

Figure 2. Soil pH and soil organic matter status map of the Danka watershed in Dinsho District.

3.2. Azoto total e fósforo disponível no solo

3.2.1. Azoto total do solo

O nitrogênio total (NT) apresentou variação significativa ($P \leq 0,05$) com a influência da interação entre os tipos de uso do solo e as posições de declive (Tabela 2). O valor médio mais elevado (0,71%) e mais baixo (0,13%) de azoto total foi registado em solos do tipo de uso do solo de floresta natural na posição de declive inferior e do tipo de uso do solo cultivado na posição de declive superior, respetivamente (Quadro 2 e Figura 3). O teor de TN dos solos na área estudada foi baixo a moderado nas posições de declive superior e médio, enquanto moderado a elevado nas posições de declive inferior, de acordo com a classificação de Landon (1991).

O azoto total (TN) mais baixo no tipo de uso do solo cultivado pode ser o resultado de elevadas taxas de decomposição microbiana, remoção completa de resíduos de culturas, monocultura e erosão do solo. De acordo com Lelago *et al* (2014), Siraj *et al* (2015), Alemu *et al* (2016), Usmael *et al* (2018) e Dilnesa *et al* (2023), o tipo de uso da terra cultivada com o nível mais baixo de conteúdo de TN pode ser devido à diminuição da entrada externa de nitrogênio, alta decomposição da matéria orgânica, lixiviação de nitrogênio e mineração. O cultivo contínuo que resulta no escoamento superficial, na lixiviação descendente de nitratos com carga negativa e na diminuição dos resíduos de matéria orgânica é também a razão pela qual Tigist *et al* (2023) obtiveram o menor teor de TN nas terras cultivadas.

A causa do elevado TN nas terras florestais naturais do solo pode estar associada à deposição sazonal de folhada, que aumenta os níveis de OM. A presente descoberta foi consistente com as descobertas de Mengestu *et al* (2017), Tufa *et al* (2019) e Teklil *et al* (2023), que afirmaram que o valor mais alto de nitrogênio total (TN) para os solos de terras florestais foi causado pela grande quantidade de matéria orgânica na terra devido a resíduos de folhas e caules. A tendência para o azoto total indicava, em geral, a seguinte ordem: declive superior < declive médio < declive inferior, e tipos de utilização do solo de terras cultivadas < pastagens < floresta natural (Quadro 2 e Figura 3).

O teor mais elevado de azoto total para o solo na posição de declive inferior estava relacionado com o teor comparativamente mais elevado de matéria orgânica e argila do solo nas posições de declive inferior devido à lixiviação e ao movimento descendente devido à erosão do solo a partir das posições de declive superior. Em consonância com os resultados actuais, Fantaw e Abdulkadir (2011), Dinku *et al* (2014), Zhu *et al* (2014), Yihenew *et al* (2015), Abay *et al* (2016) e Dilnesa *et al* (2023) revelaram que o máximo de TN na posição de declive inferior foi recolhido pelo escoamento superficial da posição de declive superior, o que é consistente com os resultados actuais.

3.2.2. Fósforo disponível no solo

O efeito da interação entre os tipos de uso do solo e as posições de declive mostrou ter uma variância significativa ($P \leq 0,05$) no fósforo disponível no solo (Av. P) (Quadro 2). O tipo de uso do solo com uso da floresta natural na posição inferior do declive e o tipo de uso do solo com uso da terra cultivada na posição superior do declive apresentaram o valor médio mais elevado de Av. P (17,56 mg/kg) e o mais baixo (2,83 mg/kg), respetivamente (Quadro 2). De acordo com a taxa de Cottien (1988), o valor médio de P dos solos na área estudada variou de muito baixo a moderado nas posições de declive superior e médio, enquanto que nas posições de declive inferior foi baixo a alto.

A tendência do Av. P do solo seguiu a tendência da matéria orgânica do solo e continuou da seguinte forma: floresta natural > prado > cultivado; em termos de posições de declive, declive inferior > declive médio > declive superior (Quadro 2 e Figura 3). O valor mais baixo do teor de Av. P no tipo de utilização de terras cultivadas foi registado por Dilnesa *et al* (2023), Teklil *et al* (2023) e Tigist *et al* (2023), o que é consistente com estes resultados. Isto pode ser uma consequência do baixo pH do solo, que causa problemas com a fixação, baixos níveis de matéria orgânica do solo e perda contínua de fosfato da colheita da cultura. Da mesma forma, Lechisa *et al* (2014) descobriram que os tipos de uso da terra cultivados e de pastagem tinham níveis mais baixos de Av. P mais baixos do que os solos do tipo de uso da terra florestal.

O teor médio de P do solo aumentou da posição de declive superior para a posição de declive inferior da bacia hidrográfica. Este facto pode dever-se à remoção do solo superficial rico em nutrientes e a níveis razoavelmente elevados de matéria orgânica, pH do solo e teor de argila nas posições de declive inferior (Quadro 2 e Figura 3). Do mesmo modo, o teor de P P dos solos foi considerado mais elevado na posição de declive inferior do que na posição de declive superior por Khan *et al* (2013), Siraj *et al* (2015), Nahusenay e Kibebew *et al* (2016), e Dilnesa *et al* (2023) devido à acumulação de nutrientes que foram subsequentemente removidos da posição de declive superior pela erosão e lixiviação do solo.

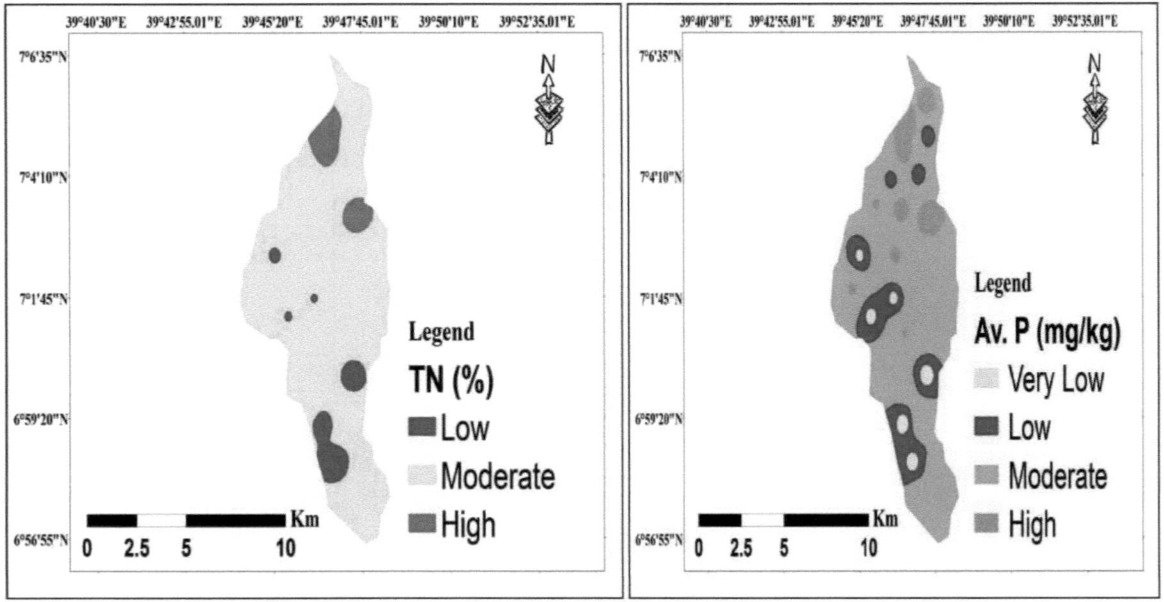

Figure 3. Soil total nitrogen and available phosphorus status map of the Danka watershed in Dinsho District.

Tabela 2. Parâmetros selecionados de fertilidade do solo em diferentes tipos de uso do solo ao longo da toposequência

Land use types	pH-H_2O	OM (%)	TN (%)	Av.P (mg/kg)
		Upper slope position		
Cultivated land	5.81^{e}	2.07^{h}	0.13^{f}	2.83^{g}
Grazing land	6.0^{d}	3.55^{e}	0.22^{def}	11.48^{e}
Natural Forest	6.16^{c}	5.28^{c}	0.38^{bc}	14.17^{d}
		Middle slope position		
Cultivated land	5.95^{d}	2.62^{g}	0.18^{ef}	3.86^{gf}
Grazing land	6.16^{c}	3.76^{e}	0.30^{cd}	15.94^{c}
Natural Forest	6.47^{b}	5.85^{b}	0.39^{bc}	17.56^{bc}
		Lower slope position		
Cultivated land	6.01^{d}	3.20^{f}	0.25^{de}	5.60^{f}
Grazing land	6.21^{c}	4.55^{d}	0.45^{b}	18.30^{b}
Natural Forest	6.66^{a}	6.25^{a}	0.71^{a}	20.58^{a}
Mean	6.16	4.13	0.34	12.26
CV	0.70	4.32	16.56	8.42
LSD(0.05)	0.08	0.301	0.094	1.75

Tabela 3. Alguns parâmetros de fertilidade do solo e estado com cobertura de área na bacia hidrográfica do Danka

Parameters	Status	Values	Area (ha)	Area (%)
	Low	1.95 - 2.59	160.04	2.26
OM (%)	Moderate	2.59 – 5.17	6364.65	89.85
	High	5.17 – 6.35	558.84	7.89
	Low	0.1 – 0.2	450.13	6.35
TN (%)	Moderate	0.2 – 0.5	6246.96	88.18
	High	0.5 - 0.68	385.96	5.45
	Very low	2.6 – 5	187.23	2.64
Av.P (mg/kg)	Low	5 - 9	1100.01	15.53
	Moderate	9 – 17	5291.82	74.70
	High	17 – 21	504.82	7.13

3.3. Capacidade de permuta catiónica

Os resultados mostraram que a interação entre as posições de declive e os tipos de utilização do solo afectou significativamente ($P \leq 0,05$) as concentrações da capacidade de troca catiónica (CTC) do solo (Quadro 4). O valor mais elevado (38,80 cmol (+)/kg) de CEC dos solos encontrados sob solos de floresta natural na posição de declive inferior e os valores médios mais baixos (14,04 cmol (+)/kg) dos solos do tipo de uso do solo cultivado na posição de declive superior tinham e, respetivamente (Quadro 3). O valor de CEC dos solos na área estudada variou de moderado a elevado nas posições de declive superior e médio, enquanto elevado na posição de declive inferior, de acordo com a taxa de Hazelton e Murphy (2007) (Quadro 4 e Figura 4).

A quantidade de argila, a perda de catiões básicos, o grau de erosão do solo e o baixo fornecimento de fertilizantes inorgânicos contribuem para a CEC relativamente baixa das terras cultivadas. Este resultado foi consistente com as conclusões de Woldemariam *et al* (2020), Mulugeta (2018) e Teklil *et al* (2023), que descobriram que os solos das terras florestais tinham os valores mais elevados de CEC quando comparados com as outras categorias de uso da terra próximas (terras cultivadas e pastagens). Da mesma forma, Tigist *et al* (2023) descobriram que os solos de terras cultivadas tinham o valor CEC mais baixo devido à perda de matéria orgânica resultante do cultivo extensivo.

O valor comparativamente elevado de CEC dos solos na posição de declive inferior pode dever-se aos níveis mais elevados de matéria orgânica, argila, catiões básicos e nutrientes depositados removidos da posição superior. Os resultados do presente estudo estão em consonância com as conclusões comunicadas por Mengistu e Kibebew (2017), Olorunfemi *et al* (2018), Shakeri e Abtahi (2018), Belay *et al* (2021), Dilnesa et al (2023), Tigist *et al* (2023) e Teklil *et al* (2023), que encontraram o valor mais elevado de CEC nos solos superficiais de terrenos florestais. Em geral, a tendência para a CEC foi a seguinte: declive inferior > declive médio > declive superior, enquanto que floresta natural > prados > terras cultivadas (Quadro 1 e Figura 2).

Tabela 4. O estado da CEC (cmol(+)/kg) sob diferentes tipos de uso do solo ao longo da toposequência

Land use types	**CEC (cmol(+)/kg)**
	Upper slope position
Cultivated land	14.04^{g}
Grazing land	24.04^{e}
Natural Forest	35.53^{bc}
	Middle slope position
Cultivated land	20.04^{f}
Grazing land	29.24^{d}
Natural Forest	38.80^{bc}
	Lower slope position
Cultivated land	35.24^{c}
Grazing land	35.24^{c}
Natural Forest	48.73^{a}
Mean	31.52
CV	6.63
LSD(0.05)	3.54

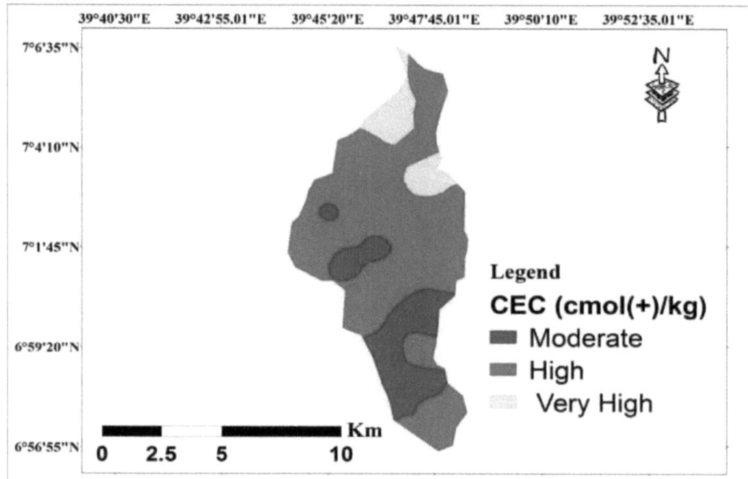

Figura 4. Mapa do estado da capacidade de troca catiónica do solo (CEC) da bacia hidrográfica do Danka no distrito de Dinsho.

3.4. Catiões básicos permutáveis

Uma análise de variância (ANOVA) revelou que a interação entre as posições de declive e os tipos de utilização do solo resultou numa variação significativa ($P \leq 0,05$) nas concentrações de bases permutáveis (Ca^2 +, Mg^{2+} , K^+ , e Na^+) (Quadro 5). Os solos com um tipo de uso do solo de floresta natural numa posição de declive inferior e os solos com um tipo de uso do solo cultivado numa posição de declive superior apresentaram os valores médios mais elevados e mais baixos de bases permutáveis, respetivamente. Assim, os valores médios das bases permutáveis com os valores mais elevados foram Ca^2 + (22,67), Mg^2 + (4,86), K+ (0,93) e Na+ (0,55), enquanto os valores mais baixos foram Ca^2 + (2,37), Mg^2 + (0,26), K+ (0,22) e Na+_(0,047) (Quadro 5).

De acordo com a taxa da FAO (2006b), os valores das bases permutáveis do solo foram baixos a moderados na posição superior da encosta para todos, exceto Na, classificado como muito baixo a moderado, na posição média da encosta baixo a moderado, baixo a alto, moderado a alto e baixo a moderado para Ca, Mg, K e Na, respetivamente. Na posição mais baixa da encosta, o Ca, Mg, K e Na permutáveis no solo foram classificados como moderados a muito altos, moderados a altos, moderados a muito altos e moderados, respetivamente, com base na taxa da FAO (2006b) (Quadro 5, Figura 5 e Figura 6).

Os resultados mostram que, no solo da bacia hidrográfica, o Ca permutável e, em seguida, o Mg permutável foram comparativamente catiões mais predominantes nos locais de troca dos componentes coloidais do solo do que o K e o Na permutáveis (Quadro 8). Resultados semelhantes foram obtidos por Fassil e Charles (2009), Teshome *et al* (2013) e Alemu *et al* (2016), que concluíram que a maioria dos sítios de troca do solo etíope era ocupada pela seguinte ordem Ca > Mg > K > Na (Tabela 2, Figura 5 e Figura 6).

Os níveis mais elevados de bases permutáveis (Ca^{2+} , Mg^{2+} , K^{+} , e Na^{+}) em terrenos florestais naturais, em comparação com os tipos de utilização do solo adjacentes (terrenos cultivados e pastagens), podem ser atribuídos a vários factores, tais como o maior teor de matéria orgânica do solo, o elevado teor de argila, a baixa lixiviação, a baixa erosão do solo e as melhores técnicas de gestão do solo (transferência de biomassa). Em contrapartida, diversas variáveis, incluindo o baixo teor de matéria orgânica do solo, as perturbações do solo, a lixiviação excessiva e a gravidade da erosão do solo, podem ser responsáveis pelas bases permutáveis do solo comparativamente baixas (Ca^{2+} , Mg^{2+} , K^{+} , e Na^{+}) nas terras cultivadas. Esta conclusão foi consistente com os estudos de Gebeyaw (2015); Birhanu *et al* (2016); Daniel (2020), Teklil *et al* (2023), e Dilnesa *et al* (2023), que descobriram que as terras florestais tinham os solos permutáveis mais elevados entre as categorias de uso da terra que eram terras cultivadas, apesar de terem os solos mais baixos.

Os valores da base permutável foram relativamente elevados na posição inferior da encosta e relativamente baixos na posição superior da encosta, de acordo com os respectivos tipos de utilização do solo, atribuídos à remoção de catiões básicos, partículas finas e matéria orgânica (MO) pelo escoamento superficial da posição superior da encosta e subsequentemente acumulados na posição inferior da encosta (Quadro 4). Este resultado foi consistente com a investigação efectuada por Siraj *et al* (2015), Nahusenay e Kibebew (2016), Daniel (2020), Teklil *et al* (2023) e Dilnesa *et al* (2023), que demonstraram que o escoamento superficial removeu catiões básicos, partículas finas e MO da posição superior da encosta e depositou-os na posição inferior da encosta.

Além disso, os teores de bases permutáveis (Ca^{2+} , Mg^{2+} , K^{+} , e Na^{+}) estão correlacionados com as posições de declive pela seguinte ordem: declive inferior > declive médio > declive superior e estão relacionados com os tipos de utilização do solo:

Pastagem > floresta natural > tipos de uso do solo agrícola (Tabela 4). Em geral, os teores de bases permutáveis (Ca, Mg e K) em todos os tipos de uso do solo ao longo da toposequência foram suficientes sem a aplicação de insumos externos na forma de fertilizantes; no entanto, isso sugere que os solos da área de pesquisa não precisam de manejo.

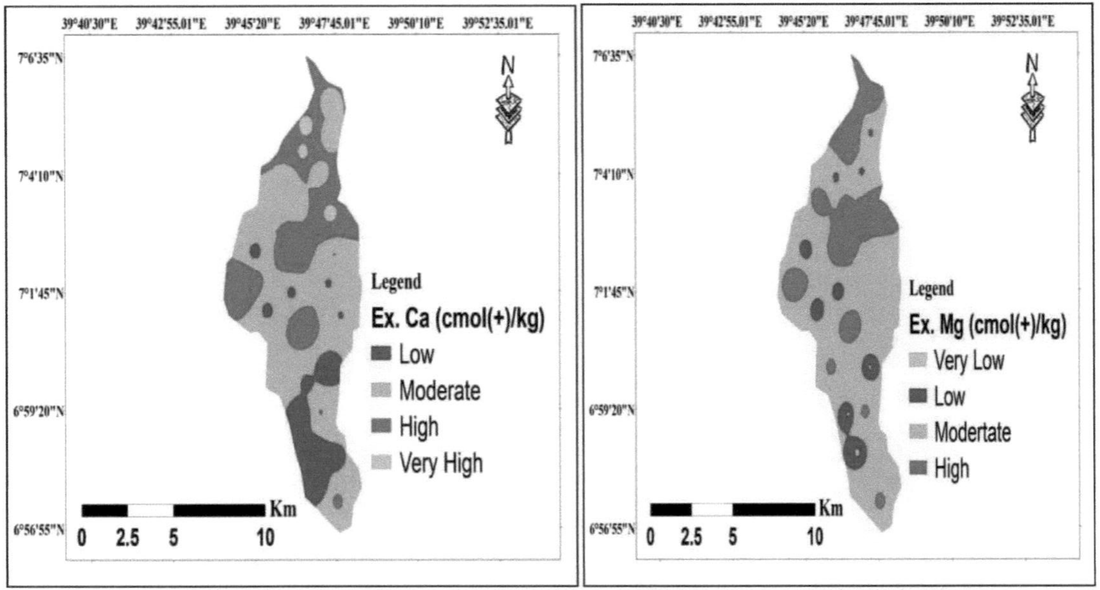

Figure 5. Soil exchangeable calcium (Ca) and magnesium (Mg) status map of the Danka watershed in Dinsho District.

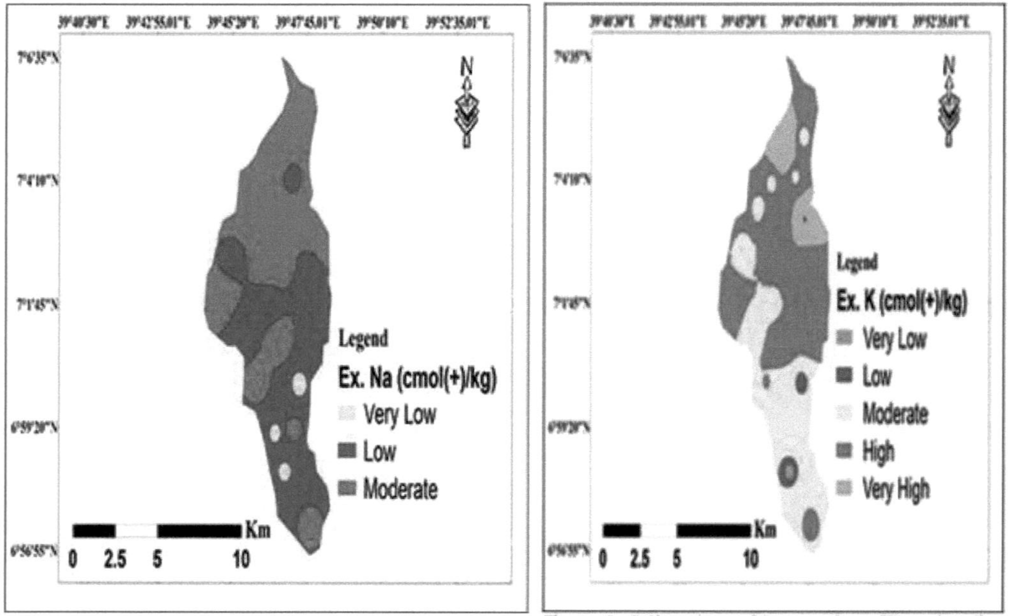

Figure 6. Soil exchangeable potassium (K) and sodium (Na) status map of the Danka watershed in Dinsho District.

Tabela 5. Estado das bases permutáveis em diferentes tipos de uso do solo ao longo da topossequência

Land use types	**Ca**	**Mg**	**K**	**Na**
	cmol(+)/kg			
Upper slope position				
Cultivated land	2.37^{f}	0.26^{e}	0.22^{b}	0.047^{f}
Grazing land	3.86^{ef}	1.18^{d}	0.39^{b}	0.21^{de}
Natural Forest	10.22^{c}	0.34^{b}	0.63^{b}	0.39^{bc}
Middle slope position				
Cultivated land	4.10^{ef}	0.43^{e}	0.39^{b}	0.12^{ef}
Grazing land	4.88^{def}	2.55^{c}	0.90^{b}	0.25^{d}
Natural Forest	18.13^{b}	4.42^{a}	0.93^{b}	0.50^{ab}
Lower slope position				
Cultivated land	6.12^{de}	0.80^{de}	0.41^{b}	0.28^{cd}
Grazing land	7.82^{cd}	3.38^{b}	0.39^{b}	0.61^{a}
Natural Forest	22.67^{a}	4.86^{a}	2.48^{a}	0.55^{a}
Mean	8.91	2.36	0.77	0.33
CV	22.10	14.26	5.09	8.15
LSD(0.05)	3.333	0.571	0.718	0.134

Tabela 6. Base permutável do solo, CEC e estado do PBS com a cobertura da área na bacia hidrográfica do Danka

Soil Parameters	**Status**	**Values**	**Area(ha)**	**Area (%)**
Ex. Ca (cmol(+)/Kg)	Low	2 - 5	923.79	13.04
	Moderate	5 - 10	4039.19	57.02
	High	10 - 20	2021.47	28.54
	Very High	20 – 23.2	98.15	1.39
Ex. Mg (cmol(+)/Kg)	Very low	0.24 – 0.3	8.54	0.12
	Low	0.3 - 1	478.9	6.76
	Moderate	1 - 3	4826.4	68.13
	High	3 - 5	1769.37	24.98
Ex. K (cmol(+)/Kg)	Very low	0.15 – 0.2	23.57	0.33
	Low	0.2 – 0.3	144.07	2.03
	Moderate	0.3 – 0.6	2552.34	36.03
	High	0.6 – 1.2	3686.11	52.03
	Very High	1.2 – 2.5	676.79	9.55
Ex. Na (cmol(+)/Kg)	Very low	0.03 – 0.1	123.77	1.75
	Low	0.1 – 0.3	3258.1	45.99
	Moderate	0.3 – 0.62	3701.04	52.25

Rated according; Exchangeable base (FAO, 2006), CEC and PBS (Hazelton, 2007)

3. 4. Percentagem de saturação da base

A percentagem de saturação de bases (PBS) foi significativamente diferente ($P < 0,05$) com o tipo de uso do solo ao longo da toposequência (Tabela 7). Os valores de PBS mais altos (62,70%) e mais baixos (20,75%) foram calculados a partir de solos de floresta natural na posição de declive inferior e de terras cultivadas na posição de declive superior, respetivamente (Tabela 7 - 8). De acordo com a taxa de Hazelton e Murphy (2007), o valor do PBS foi baixo a moderado na posição de declive superior e baixo a elevado nas posições de declive médio e inferior (Quadro 7 e Figura 7). O PBS aumentou das posições de declive superior para as posições de declive inferior para os solos dos tipos de uso do solo de floresta natural, mas foi inconsistente para os outros (Quadro 3). Em consonância com esta conclusão, Habtamu et al (2014) e Yared et al (2018) indicam que o solo de terras florestais tem um PBS mais elevado do que o solo da área cultivada.

Tabela 7. Estado da PBS sob diferentes tipos de uso do solo ao longo da topossequência

Land use types	PBS
	Upper slope position
Cultivated land	20.75^{e}
Grazing land	23.57^{de}
Natural Forest	41.08^{b}
	Middle slope position
Cultivated land	25.31^{cde}
Grazing land	29.46^{cd}
Natural Forest	61.85^{a}
	Lower slope position
Cultivated land	21.60^{de}
Grazing land	23.57^{de}
Natural Forest	62.70^{a}
Mean	35.43
CV	13.68
LSD(0.05)	8.21

Tabela 8. Percentagem do estado de saturação de bases com a cobertura da área na bacia hidrográfica do Danka

Soil Parameters	Status	Values	Area(ha)	Area (%)
PBS (%)	Very low	18.1 - 20	39.14	0.55
	Low	20 - 40	5346.3	75.47
	Moderate	40 - 60	1633.63	23.06
	High	60 – 64	64.01	0.90
Leaching (%)	Strongly leached	18 - 30	1546.19	21.83
	Moderately leached	30 - 50	4987.64	70.41
	weakly leached	50 - 64	550.23	7.77

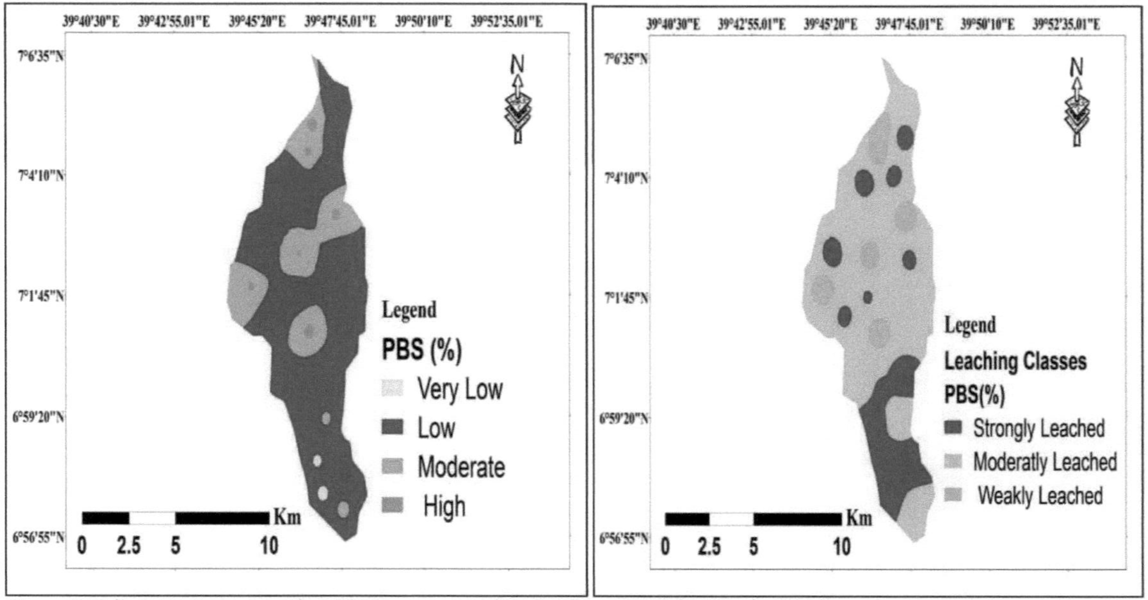

Figure 7. Soil percent base saturation (PBS) status map of the Danka watershed in Dinsho District.

3.5. Micronutrientes do solo

Os resultados também mostraram que os micronutrientes do solo (Fe, Mn e Zn) variaram significativamente ($P \leq 0,05$) devido ao efeito de interação dos tipos de uso do solo e das posições de declive (Quadro 9). Os teores médios relativamente elevados de micronutrientes (Fe, Mn, Zn e Cu) nos solos do tipo de uso do solo cultivado e da posição superior do declive podem dever-se ao baixo pH do solo. De acordo com a taxa padrão sugerida por Jones (2003), os resultados para o Fe foram elevados nas posições de declive superior e médio e moderados a elevados na posição de declive inferior, moderados em todas as posições de declive para o Mn, moderados nas posições de declive superior e baixos nas posições de declive médio e inferior para o Cu e elevados, moderados a elevados, baixos a elevados para o Zn nas posições de declive superior, médio e inferior, respetivamente (Quadro 9-10 e Figura 8-9).

Os micronutrientes (Fe, Mn, Zn e Cu) foram encontrados em maior abundância nas posições de declive superior em relação às posições de declive médio e inferior, conforme indicado pelos resultados (Tabela 9 -10 e Figura 8-9). Isto pode dever-se ao facto de o pH do solo ser mais baixo na posição superior da encosta, o que reforçou as ligações entre os micronutrientes e o solo. Em consonância com a presente constatação, Havlin *et al* (2010), Yadav (2011) e Diatta *et al* (2014) registaram uma disponibilidade de micronutrientes relativamente elevada a um pH baixo. De acordo com Dinesh e Sushil (2016), para cada unidade de aumento no pH do solo, a quantidade de Fe e Mn disponíveis reduz em 11,32 e 2,88 unidades, respetivamente. Isto sugere que o pH do solo é o principal fator que influencia a capacidade de regular a disponibilidade de micronutrientes. A concentração de micronutrientes no solo da bacia hidrográfica apresenta a seguinte ordem: Mn > Fe > Cu > Zn para o respetivo tipo de uso do solo em cada posição de declive.

Os níveis comparativamente baixos de Fe e Mn extraíveis na posição de declive inferior, em comparação com a posição de declive superior, podem ser o resultado da conversão de Fe^{2+} em iões férricos (Fe^{3+}) e Mn^{2+} em óxidos superiores (Mn^{3+} e $Mn\ 4^{+}$), respetivamente, que tinham uma solubilidade fraca e baixa disponibilidade. Os resultados demonstram que a concentração de Fe no solo da bacia hidrográfica era suficiente para cada forma de utilização do solo em cada posição de declive. Achados semelhantes de Eyob *et al* (2015) e Hilette *et al* (2015) relataram que o Fe era suficiente para a maioria dos solos da Etiópia. Isto pode dever-se ao facto de o material de origem incluir minerais como o feldspato, a magnetite, a hematite e a limonite, que constituem a rocha de retenção dos solos. Os resultados actuais mostram que o teor de Mn do solo da bacia hidrográfica era suficiente para os tipos de utilização do solo correspondentes em todas as posições de declive. Da mesma forma, o Mn é abundante em solos tropicais e é geralmente mais tóxico do que um défice, de acordo com Sheleme (2011) e Wondwosen e Sheleme (2011).

Os resultados mostram que, na bacia hidrográfica estudada, o solo das terras florestais naturais tinha níveis mais elevados de Cu e Zn do que as terras de pastagem e as terras cultivadas (Quadro 9). Isto pode dever-se ao facto de o tipo de uso do solo de floresta natural ter um teor de MO mais elevado do que o solo de outros usos do solo. Descobertas semelhantes de Samuel (2014), Hillette *et al* (2015), Berhanu (2016) e Mohammed *et al* (2016) afirmaram que a maioria dos solos etíopes, especialmente o tipo de uso da terra cultivada, são deficientes em zinco e cobre.

Tabela 9. Estado dos micronutrientes do solo sob diferentes tipos de uso da terra ao longo da toposequência

Land use types	Fe (mg/kg)	Mn (mg/kg)	Cu (mg/kg)	Zn (mg/kg)
		Upper slope position		
Cultivated land	8.12^{a}	14.41^{a}	2.65^{bc}	2.29^{c}
Grazing land	8.01^{a}	12.60^{b}	2.96^{b}	2.70^{b}
Natural Forest	6.85^{bc}	11.10^{c}	4.05^{a}	3.60^{a}
		Middle slope position		
Cultivated land	7.26^{b}	12.51^{b}	1.98^{de}	1.40^{d}
Grazing land	6.42^{cd}	10.62^{d}	2.34^{cd}	0.96^{e}
Natural Forest	6.28^{de}	8.80^{e}	2.57^{bc}	2.08^{c}
		Lower slope position		
Cultivated land	5.88^{e}	10.52^{d}	1.73^{e}	0.93^{e}
Grazing land	4.61^{f}	8.57^{e}	0.98^{f}	0.30^{f}
Natural Forest	4.25^{f}	6.55^{f}	2.03^{de}	1.35^{d}
Mean	6.41	10.63	2.37	1.74
CV	4.63	2.62	12.79	12.95
LSD(0.05)	0.502	0.472	0.513	0.38

Tabela 10. Estado dos micronutrientes do solo com a cobertura da área na bacia hidrográfica do Danka

Micronutrients (mg/kg)	Status	Values	Area (ha)	Area (%)
	Moderate	2.1 - 5	905.1	12.78
Fe	High	5.1 – 8.22	6178.64	87.22
Mn	Moderate	6.4 – 14.5	7084	100
	Low	0.3 – 2.6	4822	68.07
Cu	Moderate	2.6 – 4.04	2262	31.93
	Low	0.3 – 0.4	59.36	0.84
Zn	Moderate	0.5 - 1	1293.7	18.26
	High	1 – 3.66	5731.82	80.91

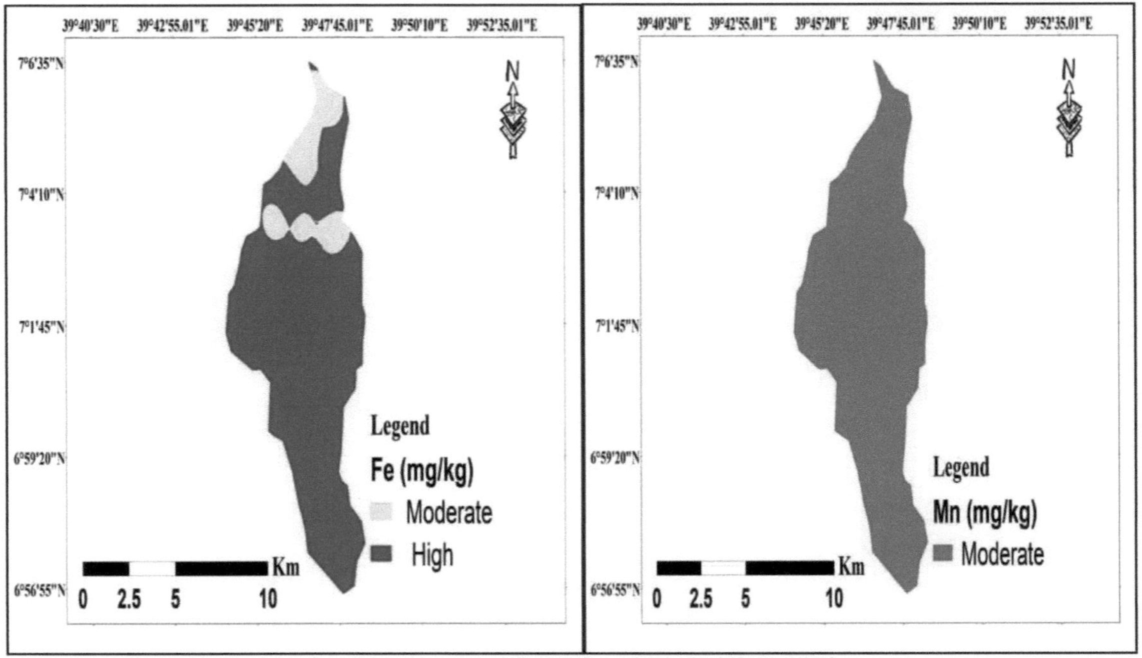

Figure 8. Soil iron (Fe) and magnesium (Mn) status map of the Danka watershed in Dinsho District.

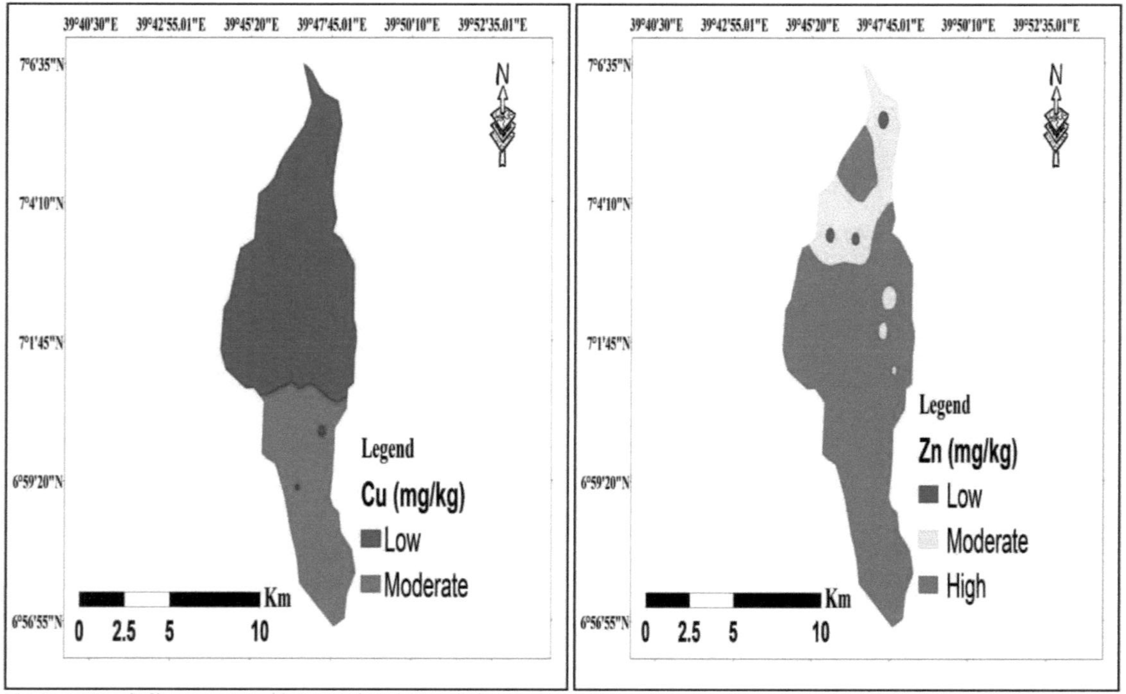

Figure 9. Soil copper (Cu) and zinc (Zn) status map of the Danka watershed in Dinsho District.

4. Conclusões e recomendações

As conclusões do presente estudo mostraram que a maior parte do estado de fertilidade do solo na bacia hidrográfica do Danka foi significativamente afetada pelos tipos de utilização do solo e pelas posições de declive. De acordo com as conclusões deste estudo, a maioria dos nutrientes do solo (fósforo disponível, azoto total, bases permutáveis, CEC e matéria orgânica) eram comparativamente elevados nas posições de declive mais baixas e nos tipos de uso da terra de floresta natural, enquanto os nutrientes do solo eram relativamente deficientes nas posições de declive mais altas e nos tipos de uso da terra cultivados. Os principais factores de declínio da fertilidade do solo foram a erosão do solo, a lixiviação de nutrientes, a monocultura, a eliminação completa dos resíduos das culturas e a gestão insuficiente do solo.

Em conclusão, a gestão integrada da fertilidade do solo (ISFM) e as estratégias biofísicas de conservação do solo devem ser recomendadas para os tipos de utilização de terras cultivadas em todas as posições de declive, com especial atenção para a posição superior do declive. Este mapa do estado da fertilidade do solo fornece dados para os planeadores, decisores e grupos de intervenientes múltiplos. Fornece também informação de base para direcionar as decisões de gestão da fertilidade do solo para as posições de declive, em particular para os fertilizantes minerais. Deve ser recomendado um estudo mais aprofundado sobre as recomendações de fertilizantes específicas para o local de resposta das culturas em função da posição do declive, bem como a validação do mapa em campos ondulados da bacia hidrográfica do Danka, com tipos de solo e posições paisagísticas semelhantes. Recomenda-se que, à luz das conclusões do presente estudo, os agricultores e outras partes interessadas utilizem estratégias de gestão dos solos e dos nutrientes das plantas baseadas na posição dos declives.

5. Agradecimentos

O autor gostaria de estender o seu sincero agradecimento ao co-orientador Negash Demissie (PhD) e ao orientador principal Lemma Wogi (PhD) pela sua assistência contínua, encorajamento e comentários valiosos na redação desta tese. Os autores estão gratos à Universidade de Haramaya pelo seu apoio. O autor agradece ao Instituto de Investigação Agrícola de Oromia por ter concedido a licença de estudo e ao Centro de Investigação Agrícola de Sinana pelo apoio logístico e financeiro durante o estudo.

Disponibilidade de dados

O autor correspondente pode fornecer os dados que foram utilizados para apoiar as conclusões do estudo, mediante pedido.

Financiamento

O Centro de Investigação Agrícola de Sinana pela logística e apoio financeiro durante o estudo.

Contribuições dos autores

Os autores recolheram, analisaram, interpretaram, redigiram, reviram e aprovaram o manuscrito final editado.

Conflito de interesses

Não existe qualquer conflito de interesses neste trabalho de investigação, de acordo com os autores e co-autores declarados.

Aprovação ética

Os autores reconheceram que estavam empenhados na ética da publicação e que conduziram o seu estudo de acordo com a ética da investigação científica aceite.

6. Referências

Abay Challa, Abdu Abdelkadir, Tefera Mengistu. 2016. Efeitos de feixes de pedra graduada em propriedades selecionadas do solo nas terras altas centrais da Etiópia. Revista Internacional de Ecologia e Gestão de Recursos Naturais. 1(2):42-50.

Alemu Lelago, Tekalign Mamo, Wassie Haile e Hailu Shiferaw. 2016. Avaliação e mapeamento do status e distribuição espacial de macronutrientes do solo na zona de Kambata Tembaro, sul da Etiópia. Avanços na Investigação sobre Plantas e Agricultura, 4(4):144.

Amuyou, U. A. e Kotingo, K. E. 2015. Análise de toposequência das propriedades do solo de um campo agrícola nas encostas da montanha Obudu, estado do rio cruzado - Nigéria. Revista Europeia de Ciências Físicas e Agrícolas, 3(1).

Aweke Endalew.2021. Efeito da posição do declive e do aspeto nas propriedades físico-químicas do solo selecionadas em terras agrícolas da bacia hidrográfica de Mesk, noroeste da Etiópia. Dissertação de Mestrado na Universidade de Bahir Dar, Etiópia.

Awoonor, J.K. e Dogbey, B.F., 2021. Uma avaliação da variabilidade do solo ao longo de uma toposequência na floresta tropical úmida semidecídua de Gana. Jornal Aberto de Ciência do Solo, 11(9), 448-477.

Bagherzadeh, A.; A. Gholizadeh; e A. Keshavarzi .2018. Avaliação do índice de fertilidade do solo para a produção de batata usando abordagens integradas Fuzzy e AHP, Nordeste do Irã. *Eurasian J Soil Sci,* 7 (3) 203 - 212.

Bakhshandeh, E., Hossieni, M., Zeraatpisheh, M. e Francaviglia, R. 2019. Efeitos da mudança de uso da terra na qualidade do solo e na fertilidade biológica: Um estudo de caso no norte do Irão. *Jornal Europeu de Biologia do Solo, 95,*103119.

Belayneh Bufebo , Eyasu Elias e Getachew Agegnehu. 2021. Efeitos das posições da paisagem nas propriedades físico-químicas do solo na bacia hidrográfica de Shenkolla, centro-sul da Etiópia, *Environmental System Research Journal,* 10 (1): 14.

Birhanu Iticha, Muktar Mohammed e Kibebew Kibret, 2016. Impacto da desflorestação e subsequente cultivo na fertilidade do solo em Komto, Etiópia Ocidental. *Jornal de Ciência do Solo e Gestão Ambiental,* 7(12): 212-221.

Bouyoucos, G.J., 1962. Hydrometer method improved for making particle size analyses of soils 1. Revista de Agronomia, 54(5):464-465.

Bremner JL e Mulveny CS, 1982. Nitrogénio Total, In: AL Page (ed). Métodos de Análise do Solo, Parte Dois, Propriedades Químicas e Microbiológicas, 2ª ed., Lisboa, Portugal. Am. Soc. Agron. Wisconsin pp. 595-624.

Chandrakala, M., Ramesh, M., Sujatha, K., Hegde, R. e Singh, S.K., 2018. Avaliação da fertilidade do solo sob diferentes sistemas de uso da terra na região tropical húmida de Kerala, Índia. *Revista Internacional de Ciências das Plantas e do Solo*, 24(4), 1-13.

Chapman, H.D., 1965. Capacidade de troca catiónica. In: Black, C.A. (Ed.), Methods of Soil Analysis. *Sociedade Americana de Agronomia, Madison* 9: 891-901.

Cottenie, A., 1980. Ensaios de solos e plantas como base para recomendações de fertilizantes. FAO soil bulletin 38/2. Organização das Nações Unidas para a Alimentação e a Agricultura, Roma.

Daniel Jaleta Negasa. 2020. Efeitos dos tipos de uso da terra em propriedades selecionadas do solo nas terras altas centrais da Etiópia. *Ciência do Solo Aplicada e Ambiental,* 1-9.

Desta HA. 2018. Efeitos dos sistemas de uso da terra na fertilidade do solo na bacia hidrográfica de Antra, distrito de Chilga, terras altas do noroeste da Etiópia. *Univers JAgric Res.* 6(6):194-208.
Dharumarajan, S., Lalitha, M., Niranjana, K. V., e Hegde, R. 2022. Avaliação da abordagem de cartografia digital do solo para a previsão dos parâmetros de fertilidade do solo - um estudo de caso do Planalto de Karnataka, Índia. Arabian Journal of Geosciences, 15(5), 386.
Diatta J, Grzebisz W, Fr^ckowiak-Pawlak K, Andrzejewska A, Brzykcy M (2014). Avaliação específica do local da disponibilidade de Cu, Zn, Fe e Mn em solos aráveis. *Zemdirbyste-Agriculture,* 101(3):235-242.
Dilnesa Bayle, Samuel Feyissa e Solomon Tamiru. 2023. Efeitos da utilização do solo e da posição do declive em propriedades físico-químicas selecionadas do solo na sub-bacia hidrográfica de Tekorsh, Zona de Gojjam Oriental, Etiópia. *Open Agriculture,* 8(1), p.20220147.
Dinesh Khadka e Sushil Lamichhane. 2016. A relação entre o PH do solo e os micronutrientes, Western Nepal International Journal of Agriculture. *Innovations and Research,* 4(5):2319-1473.
Dinku Dessalegna, Sheleme Beyenea, Nand Ram, Fran Walley, Tekleab S. Gala. 2014. Efeitos da topografia e do uso da terra nas caraterísticas do solo ao longo da toposequência da bacia hidrográfica de Ele no sul da Etiópia. Catena, 115: 47-54.
Elias Eyasu. 2017. Caraterísticas dos perfis de Nitisol afetados pelo tipo de uso da terra e classe de declive em algumas terras altas da Etiópia. *Investigação de Sistemas Ambientais*, 6(1):20.
Engdawork Assefa 2012. Dinâmica da paisagem e gestão sustentável da terra no sul da Etiópia. Dissertação de doutoramento. Kiel, Alemanha: Universidade de Kiel, Escola de Pós-Graduação, Desenvolvimento Humano na Paisagem e Instituto de Investigação de Ecossistemas e Geoarqueologia.
Eyob Tilahun, Kibebew Kibret, Tekalign Mamo e Hailu Shiferaw. 2015. Avaliação e mapeamento do estado de alguns micronutrientes do solo em terras agrícolas de Alicho-Woriro Woreda, zona de Siltie, sul da Etiópia. *Jornal Americano de Nutrição Vegetal e Tecnologia de Fertilização,* 5:16-25.
Ezeaku, P. I., e Eze, F. U., 2014. Efeito do uso da terra em relação à posição da inclinação nas propriedades do solo em uma área semi-úmida de Nsukka, sudeste da Nigéria. Journal Agricultural Research, 52(3):369-381.
Fantaw Yimer e Abdulkadir Abdu. 2011. O efeito do pousio de terras agrícolas na recuperação de nutrientes do solo nas montanhas de Bale, Etiópia. Jornal de Ciência e Desenvolvimento, 1(1): 4351
FAO (Organização das Nações Unidas para a Alimentação e a Agricultura). 1984. Mapa provisório do solo da Etiópia. Projeto de Planeamento do Uso da Terra, Adis Abeba.
FAO (Organização das Nações Unidas para a Alimentação e a Agricultura). 2006a. Diretrizes para a descrição do solo, 4ª edição. FAO, Roma, Itália.
FAO (Organização das Nações Unidas para a Alimentação e a Agricultura). 2006b. Nutrição vegetal para a segurança alimentar: Um guia para a gestão integrada de nutrientes. Boletim de Fertilizantes e Nutrição Vegetal 16, Roma, Itália.
Fassil Kebede e Charles Yamoah. 2009. Estado de fertilidade do solo e recomendação de fertilizante NuMaSS de Hapluusterts Typic nas Terras Altas do Norte da Etiópia. *World AppliedSciences Journal,* 6(11): 1473-1480.
Fentie, S.F., Jembere, K., Fekadu, E. e Wasie, D., 2020. Dinâmica do uso e ocupação do

solo e propriedades dos solos sob diferentes usos do solo na bacia hidrográfica de Tejibara, Etiópia. *The Scientific World Journal*, 1-12.

Gebeyaw Tilahun. 2015. Avaliação da variação da fertilidade do solo em diferentes usos da terra e práticas de gestão na bacia hidrográfica de Maybar, zona sul de Wollo, norte da Etiópia. *Jornal Internacional de Biorremediação Ambiental e Biodegradação,* 3(1): 15-22.

Gelfand I, Sahajpal R, Zhang X, Izaurralde RC, Gross KL, Robertson GP .2013. Produção sustentável de bioenergia a partir de terras marginais no Midwest dos EUA. Nature, 493(7433):514-517.

Guadie M, Molla E, Mekonnen M, Cerdà A. 2020. Efeitos da barreira do solo e da barreira do solo com face de pedra nas propriedades físico-químicas do solo e no rendimento das culturas em condições de sequeiro no noroeste da Etiópia. *Land* 9 (1):13.

Habtamu Admas, Heluf Gebrekidan, Bobie Bedadi e Enyew Adgo. 2014. Estado de fertilidade dos solos sob diferentes usos da terra na bacia hidrográfica de Wujiraba, terras altas do noroeste da Etiópia. Agricultura, Silvicultura e Pescas, 3(5): 410-419.

Hadaro, M., Ayele, T., Parshotam Datt, S. e Teshome, R., 2021. Propriedades do solo afetadas por práticas de conservação do solo e profundidades do solo na bacia hidrográfica de Uwite, distrito de Hadero Tunto, sul da Etiópia. *Ciência do Solo Aplicada e Ambiental.*

Havlin, H.L. Beaton, J.D. Tisdale, S. L. e Nelson, W. L., 2010. *Soil Fertility and Fertilizersan introduction to nutrient management, 7th edition.* PHI Learning Private Limited, Nova Deli.515pp.

Hazelton, P. e Murphy, B. 2007. Interpretação dos resultados dos testes do solo: What Do All the Numbers Mean? 2nd Edition.CSIRO Publishing.

Hillette Hailu, Tekalign Mamo, Riikka Keskinen, Erik Karltun, Heluf Gebrekidan e Taye Bekele. 2015. Estado de fertilidade do solo e teor de nutrientes do trigo em sistemas de cultivo Vertisol das terras altas centrais da Etiópia. Agricultura e Segurança Alimentar, 4(1):19.

Hurni K, Zeleke G, Kassie M, Tegegne B, Kassawmar T, Teferi E, Moges A, Tadesse D, Ahmed M, Kebebew Z, Hodel E, Amdihun A, Mekuriaw A, Debele B, Deichert G e Hurni H .2015. Economia da degradação dos solos, estudo de caso da Etiópia. Degradação do solo e gestão sustentável das terras nas zonas agrícolas de sequeiro da Etiópia: An assessment of the economic implications. Relatório da Iniciativa Economia da Degradação dos Solos. 94pp.

Jones, J. Benton. 2003. Agronomic Hand Book: Management of crops, soils and their fertility (Gestão de culturas, solos e sua fertilidade). CRC Press, Washington, EUA.

Kebebew, S., Bedadi, B., Erkossa, T., Yimer, F. e Wogi, L., 2022. Efeito de diferentes tipos de uso da terra nas propriedades do solo no distrito de Cheha, centro-sul da Etiópia. *Sustainability, 14(3),* p.1323.

Kehali Jembere, Tekalign Mamo e Kibebew Kibret. 2017. Caraterísticas das caraterísticas da paisagem agrícola e práticas locais de gestão da fertilidade do solo no noroeste de Amhara, Etiópia. Jornal de Agronomia, 16(4):180-195.

Khan, F., Hayat, Z., Ahmad, W., Ramzan, M., Shah, Z., Sharif, M., Hanif, M., 2013. Efeito da posição do declive nas propriedades físico-químicas do solo erodido. Solo e Meio Ambiente, 32(1): 22-28.

Landon, J.R., 1991. Booker Tropical Soil Manual: A Handbook for Soil Survey and Agricultural Land Evaluation in the Tropics and Sub Tropics. Longman Scientific and Technical, Essex, Nova Iorque, EUA, 474.

Lawal, B.A., Tsado, P.A., Eze, P.C., Idefoh, K.K., Zaki, A.A., Kolawole, S., 2014. Efeito das posições de declive em algumas propriedades dos solos sob uma plantação de Tectona grandis em Minna, Savana da Guiné do Sul da Nigéria, International Journal of Research in Agriculture and Forestry. 1: 37-43.

Lechisa Takele, Achalu Chimdi e Alemayehu Abebaw. 2014. Dinâmica da Fertilidade do Solo Influenciada por Diferentes Sistemas de Uso da Terra e Profundidade do Solo na Zona Oeste de Showa, Distrito de Gindeberet, Etiópia. Agricultura, Silvicultura e Pescas, 3(6): 489-494.

Lelago A, Mamo T, Haile W e Shiferaw H. 2016. Avaliação e mapeamento do status e distribuição espacial dos macronutrientes do solo na zona de Kambata Tembaro, sul da Etiópia. Adv Plants Agric Res. 4(4):305-17.

Lindsay, W.L., Norvell, W.L., 1978. Desenvolvimento de um teste de solo DTPA para zinco, ferro, manganês e cobre. Soil science society of America journal, 42(3):421-428.

Liu, Y., Zhang, L., Lu, J., Chen, W., Wei, G. e Lin, Y., 2020. A topografia afeta as condições do solo e as comunidades bacterianas ao longo de um gradiente de restauração no Loess-Plateau. Applied Soil Ecology, 150, 103471.

Magdic, I., Safner, T., Rubinic, V., Rutic, F., Husnjak, S. e Filipovic, V., 2022. Efeito da posição da encosta nas propriedades do solo e no regime de umidade do solo de Stagnosol na vinha. Journal of Hydrology and Hydromechanics, 70(1), 62-73.

Mayer, S., Kühnel, A., Burmeister, J., Kogel-Knabner, I., Wiesmeier, M., 2019. Fatores de controle dos estoques de carbono orgânico em solos e subsolos agrícolas da Baviera. Soil Tillage Res., 192, 22-32.

Mengistu Chemeda, Kibebew Kibret. 2017. Avaliação das propriedades físicas e químicas do solo afetadas por diferentes tipos de uso da terra na área de Warandhab da zona de Wollega, estado regional de Oromia. *JAdv Stud Agric Biol Environ Sci, 4*(1), 41-60.

Mengistu, T. e Dereje, T., 2021. Impacto dos tipos de uso da terra e profundidades do solo em propriedades físico-químicas selecionadas do solo no distrito de Fasha, zona de Konso, sul da Etiópia. *Jornal de Ciência do Solo e Gestão Ambiental,* 12(1), 10-16.

Mohammed Mekonnen, Kibebew Kibret e Tekalign Mamo. 2016. Mapeamento da fertilidade de alguns micronutrientes em solos do distrito de Cheha, zona de Gurage, sul da Etiópia, jornal africano de ciência do solo, 4 (3): 313-320.

Mulat Y, Kibret K, Bedadi B e Mohammed M. 2018. Estoque de carbono orgânico do solo sob diferentes tipos de uso da terra em Kersa Sub Watershed, Etiópia Oriental. *Afr J Agric Res.* 13(24):1248-56.

Mulla D.J. e McBratrey A.B., 2000, Soil spatial variability. In: Sumner, M.E. (Ed), Handbook of Soil Science. CRC Books, Nova Iorque.

Mulugeta Aytenew. 2015. Efeito do gradiente de declive nas propriedades físico-químicas do solo selecionadas da bacia hidrográfica de Dawja no distrito de Enebse Sar Midir, Estado Regional Nacional de Amhara. Jornal Americano de Investigação Científica e Industrial, 6(4):74-81.

Mulugeta, T., 2018. Efeitos dos tipos de uso da terra nas propriedades físico-químicas do solo selecionadas: O caso do distrito de Kuyu, planalto central da Etiópia (dissertação de doutorado).

Musa H e Gisilanbe SA. 2017. Diferenças nas propriedades físicas e químicas dos solos na toposequência de Yelwa Dobora na área do governo local de Ganye, Estado de

Adamawa, Nigéria. Sky J Soil Sci Environ Manag 6(1):011-018.

Nahusenay Abate e Kibebew Kibret. 2016. Efeitos do uso da terra, da profundidade do solo e da topografia nas propriedades físico-químicas do solo ao longo da toposequência no Maciço de Wadla Delanta, nas terras altas do centro-norte da Etiópia. Environ Pollut. 5(2):57-71.

Okalebo, J.R., K.W. Gathua e P.L. Womer, 2002. Laboratory Methods of Soil and Plant Analyses: A Working Manual, 2nd Ed. TSBF-CIAT e SACRED Africa, Nairobi, Quénia. 128.

Olorunfemi, I.E., Fasinmirin, J.T. e Akinola, F.F., 2018. Propriedades físico-químicas do solo e estado de fertilidade das mudanças de uso e cobertura do solo a longo prazo: Um estudo de caso na zona vegetativa florestal da Nigéria. *Jornal Eurasiático de Ciência do Solo, 7*(2), 133-150.

Olsen, S. R., Cole, C. V., Watanabe, F. S., e Dean, L. A. 1954. Estimation of available phosphorous in soils by extraction with Sodium Bicarbonate (Estimativa do fósforo disponível nos solos por extração com bicarbonato de sódio). *Circular do USDA,* 939:1-19.

Pádua, S., T. Chattopadhyay, S. Bandyopadhyay, S. Ramchandran, R.K. Jena, P. Ray, P. Deb Roy, U. Baruah, K D. Sah, S.K. Singh e S. K. Ray. 2018. Um sistema simplificado de informação sobre nutrientes do solo: estudo da região nordeste da Índia. *Ciência Atual,* 114 (6): 1241-1249.

Patel H. e Lakdawala M.M. 2014. Estudo da natureza do solo por pH e sais solúveis através da CE do território de Kalol-Godhra taluka, Der Chemical Sinica, 5(2):1-7

Rezaei, H., Jafarzadeh, A.A., Alijanpour, A., Shahbazi, F. e Kamran, K.V., 2015. Efeito da posição do declive nas propriedades e tipos de solo ao longo de um gradiente de elevação da floresta de Arasbaran, Irão. Revista Internacional de Ciências Avançadas, Engenharia e Tecnologias da Informação, 5(6), pp.449-456.

Samuel Gameda. 2014. Melhoria da gestão do solo e da agronomia para a segurança alimentar. Trabalho apresentado no 1st Simpósio conjunto IP-Ministério da Agricultura-ATA da Etiópia 4 - 5, setembro, Adis Abeba, Etiópia.

Sarapatka, B., Cap, L., Bila, P., 2018. O efeito variável da erosão hídrica nas propriedades químicas e bioquímicas do solo em diferentes partes das encostas de Chernozem. Geoderma, 314, 20-26.

Sepideh Etedali, Seyed Ali Abtahi, Mohammad Hasan Salehi, Javad Givi, Mohammad Hadi Farpoor, Majid Baghernejad. 2018. Propriedades químicas, físicas, mineralógicas e micromorfológicas dos solos ao longo de uma toposequência na região de Chelgerd, Chaharmahal-va-Bakhtiari, Irão. Revista Internacional de Agricultura e Ciências Afins, 7(2): 48-62.

Shakeri S e Abtahi SA. 2018. Formas de potássio em solos calcários afetados por minerais de argila e desenvolvimento do solo na província de Kohgiluyeh e Boyer-Ahmad, sudoeste do Irã. *J Arid Land.* 10(2):217-32.

Shashikumar, B.N., Kumar, S., George, K.J. e Singh, A.K. 2022. Cartografia da variabilidade do solo e delimitação de zonas de gestão específicas do local utilizando a análise de agrupamento difusa numa bacia hidrográfica do Médio Himalaia, Índia. *Ambiente, Desenvolvimento e Sustentabilidade,* 25(8), pp.85398559.

Sheleme Beyene. 2017. Posições topográficas e propriedades do solo impactadas pelo uso da terra ao longo da toposequência Humbo Larena-Ofa Sere, sul da Etiópia, Journal of Soil Science and Environmental Management, 8 (8): 135-147.

Singh, I.R., Sharma, A.C. e Nr Goswami, S. 2013. Estado dos nutrientes e sua disponibilidade em relação às propriedades dos solos de Koronivia, Fiji. Jornal Agrícola de Fiji 53: 1-6.

Siraj Beshir, Mulugeta Lemeneh e Endalkachew Kissi. 2015. Estado da Fertilidade do Solo e Tendências de Produtividade ao longo de uma Toposequência: Um caso de captação de Gilgel Gibe na bacia hidrográfica de Nadda Assendabo, sudoeste da Etiópia. Revista Internacional de Proteção e Política Ambiental, 3(5): 137-144.

Srinivasan, R., Shashikumar, B.N. e Singh, S.K. 2022. Mapeamento da variabilidade dos nutrientes do solo e delineamento de zonas de gestão específicas do local utilizando a análise de agrupamento difusa na região costeira oriental, Índia. *Journal of the Indian Society of Remote Sensing,* 50(3), 533-547.

Tekalign Tadese. 1991. Análise do solo, plantas, água, fertilizantes, estrume animal e composto. Documento de Trabalho No. 13. Centro Internacional de Investigação Pecuária para África, Addis Abeba.

Teklil Abadeye, Teshome Yitbarek, Isreal Zewide, Kibinesh Adimasu. 2023. Avaliação da fertilidade do solo influenciada pelo uso da terra em Moche, Zona Gurage, Etiópia. *The Scientific Temper,* 14(01), 80-92.

Teshome Yitbarek, Heluf Gebrekidan, Kibebew Kibret, Shelem Beyene, 2013. Impactos do uso da terra em propriedades físico-químicas selecionadas de solos da área de Abobo, Etiópia Ocidental. *Agricultura, Silvicultura e Pescas,* 2(5): 177-183.

Tigist Kibret Asmare, Befkadu Abayneh, Melese Yigzaw, Tsegaye Adane Birhan. 2023. O efeito do tipo de uso da terra em propriedades físico-químicas selecionadas do solo na bacia hidrográfica de Shihatig, distrito de Dabat, Noroeste da Etiópia. *Heliyon,* 9(5).

Tilahun Amede , Tadesse Gashaw, Gizachew Legesse, Lulseged Tamene, Kindu Mekonen, Peter Thorne e Steffen Schultz. 2020. Posições da paisagem que ditam as respostas dos fertilizantes das culturas em sistemas agrícolas baseados no trigo das terras altas da África Oriental. Renewable Agriculture and Food Systems 1-13.

Tilahun Amede, Christopher Auricht, Jean-Marc Boffa, John Dixon, Thilak Mallawaarachchi, Mandi Rukuni e Tilaye Teklewold-Deneke. 2017. Um quadro do sistema agrícola para o planeamento do investimento e a definição de prioridades na Etiópia. ACIAR. Aciar.gov.au;

Tufa, M., A. Melese, e W. Tena. 2019. Efeitos dos tipos de uso da terra em propriedades físicas e químicas selecionadas do solo: o caso do distrito de Kuyu, Etiópia. Revista eurasiana de ciência do solo 8 (2): 94-109.

Ullah F, Ali S, Anjum MM, Ali N, Khan I e Khan K. 2017. Efeito das posições de declive nas propriedades físico-químicas do solo do distrito de Chagharzai Valley Buner. *Int J Environ Res*. 3(3):298-303.

USDA (Departamento de Agricultura dos Estados Unidos). 1987. Mecânica dos Solos Nível I-Módulo 3: Guia de Estudo da Classificação Textural do USDA. Equipa Nacional de Desenvolvimento de Funcionários, Serviço de Conservação do Solo, USDA.

Usmael Mohammed, Kibebew Kibret, Muktar Mohammed e Alemayehu Diriba, 2018. Avaliação da fertilidade do solo e mapeamento da sub-bacia hidrográfica de Becheke no distrito de Haramaya, na zona leste de Hararghe, na região de Oromia, Etiópia. Jornal de Investigação em Ciências Naturais; 8(20): 2224-3186.

Valera, A.R.V. e Rodríguez, E.R.A. 2023. Análise Espacial da Fertilidade do Solo Utilizando Técnicas Geoestatísticas e Redes Neurais Artificiais. *Qeios*.

Walkley, A., e Black, T. A., 1934. Um exame do método de digestão Jarett para determinar a matéria orgânica do solo e proposta de modificação do método de titulação com ácido crómico. Soil Science Society of American journal, 37: 29-38.

Walpola BC e Mendis API. 2020. Impactos das mudanças no uso da terra em caraterísticas físicas e químicas selecionadas do solo sob sistemas de cultivo de abacaxi no distrito de Matara, a zona úmida do país baixo do Sri Lanka. *Sri Lankan JAgric Econ.* 2020; 2 (2): 103-21.

Weldemariam Seifu, Eyasu Elias e Girmay Gebresamue. 2020. Os efeitos do uso da terra e da posição da paisagem nas propriedades físico-químicas do solo em uma bacia hidrográfica semiárida, norte da Etiópia. *Ciência do Solo Aplicada e Ambiental,* 1-20.

Wondwosen Tena e Sheleme Beyene. 2011. Identificação de nutriente(s) limitante(s) do crescimento em alfissolos: Propriedades físico-químicas do solo, concentrações de nutrientes e rendimento de biomassa do milho. *Revista americana de nutrição vegetal e tecnologia de fertilização,* 1(1):23-35.

Wubie MA e Assen M. 2020. Efeitos das mudanças na cobertura do solo e gradiente de declive na qualidade do solo na bacia hidrográfica de Gumara, bacia do Lago Tana no noroeste da Etiópia. *Model Earth Syst Environ.* 6(1):85-97.

Yadav, B. K. 2011. Estado de micronutrientes dos solos sob culturas de leguminosas na região árida do Rajastão Ocidental, Índia. *Revista Académica de Ciências Vegetais,* 4 (3): 94-97.

Yared Mulat, Kibebew Kibret, Bobe Bedadi e Muktar Mohammed.2018. Estoque de carbono orgânico do solo sob diferentes tipos de uso da terra na sub-bacia hidrográfica de Kersa, Etiópia Oriental. *Jornal Africano de Investigação Agrícola,* 13(24):1248-1256.

Yasin S. e Yulnafatmawita Y. 2018. Efeitos da posição da inclinação nas caraterísticas físico-químicas do solo sob a plantação de palmeiras na área tropical úmida, Sumatra Ocidental Indonésia. *AGRIVITA, Jornal de Ciências Agrárias,* 40(2), 328-337.

Yihenew G. Selassie e Getachew Ayanna. 2013. Efeitos de diferentes sistemas de uso da terra em propriedades físico-químicas selecionadas de solos no noroeste da Etiópia. *Jornal de ciências agrícolas, 5*(4), 112.

Yihenew Gebreselassie e Getachew Ayanna. 2015. Efeitos de diferentes sistemas de uso da terra em propriedades físico-químicas selecionadas de solos no noroeste da Etiópia. Journal of Agricultural Science (Toronto) 5 (4): 112-120.

Yuga ME e Wani J. 2022. Avaliação da Fertilidade do Solo e dos Sistemas Agrícolas em Áreas Produtivas do Estado da Equatoria Ocidental, Central e Oriental, Sudão do Sul. *SunText Rev Arts Social Sci* 3(2): 138.

Zeraatpisheh M, Ayoubi S, Jafari A, Tajik S, Finke PA .2019. Mapeamento digital das propriedades do solo usando aprendizado de máquina múltiplo em uma região semi-árida, no centro do Irã. *Geoderma* 338 (445452).

Zhu, H., Wu, J., Guo, S., Huang, D., Zhu, Q., Ge, T., e Lei, T. 2014. O uso da terra e a posição topográfica controlam o C orgânico do solo e a acumulação de N na bacia hidrográfica montanhosa erodida do Planalto de Loess. Catena, 120:64-72.

MIX
Papier aus verantwortungsvollen Quellen
Paper from responsible sources
FSC® C105338

Printed by Books on Demand GmbH, Norderstedt / Germany